U0133405

北京常见

湿地植物识别手册

张一鸣　刘进祖
赵欣胜　蒋　薇　编著

中国林業出版社
China Forestry Publishing House

图书在版编目（CIP）数据

北京常见湿地植物识别手册 / 张一鸣等编著 . — 北京：中国林业出版社，2023.9

ISBN 978-7-5219-2338-4

Ⅰ. ①北… Ⅱ. ①张… Ⅲ. ①沼泽化地－植物－北京－手册 Ⅳ. ① Q948.521-62

中国国家版本馆 CIP 数据核字（2023）第 180413 号

责任编辑：刘香瑞

出版发行：中国林业出版社
（100009，北京市西城区刘海胡同 7 号，
电话 010-83143545）
电子邮箱：36132881@qq.com
网址：www.forestry.gov.cn/lycb.html
印刷：北京雅昌艺术印刷有限公司
版次：2023 年 9 月第 1 版
印次：2023 年 9 月第 1 次
开本：787 mm×1092 mm 1/32
印张：4.5
字数：120 千字
定价：68.00 元

《北京常见湿地植物识别手册》编著及编委名单

编　著：张一鸣　刘进祖　赵欣胜　蒋　薇

编　委：李瑞生　张　峰　薛　康　孙海宁　张　恒
孙艳丽　赖光辉　戴　娜　张　莹　康瑶瑶
周泽圆　智　信　南海龙　于海群　谢　静
杨欣宇　高俊虹　杨　洋　闫　岩　张京州
贾红波　王　欢　倪雪楠　王菁黎　顿媛媛
张　楠　冀楷文　朱天琦

前言

湿地植物泛指生长在湿地环境中的植物。狭义的湿地植物是指生长在水陆交汇处，土壤潮湿或者有浅层积水环境中的植物。湿地植物种类繁多，主要包括水生、沼生、盐生以及一些中生的草本植物，在自然界具有特殊的生态价值，同时也是园林、庭院、水景园观赏植物的重要组成部分。

湿地植物在湿地生境的进化过程中，经历了由沉水植物—浮叶植物—漂浮植物—挺水植物—湿生植物—旱生植物的进化演变过程，而其演变过程与湖泊沼泽化进程相吻合。这些湿地植物在生态环境中相互竞争、相互依存，构成了多姿多彩、类型丰富的湿地植物王国。按照湿地植物的生态习性和生态特征，可将北京市分布的湿地植物划分为湿生植物、挺水植物、浮叶植物、漂浮植物和沉水植物六类。湿生植物典型代表为灯芯草、稗、湿地勿忘草等；挺水植物典型代表为芦苇、香蒲、莲等；浮叶植物典型代表为睡莲、荇菜等；漂浮植物典型代表为槐叶蘋、浮萍、满江红等；沉水植物典型代表为大茨藻、北京水毛茛、篦齿眼子菜等。

北京湿地植物区系具有世界广布类型

为主、温带分布类型为优势、区系起源古老、分布区类型多样等特点。世界广布类型种类繁多，这是由于湿地环境中水分、温度这两个重要生态因子受地理因素（纬度、海拔、地形地貌）的影响较小，使得许多湿地植物，尤其是挺水植物、浮叶植物、漂浮植物和沉水植物等能够适应各地的湿地环境和气候条件，从而广泛分布；该类型植物以芦苇、香蒲、黑三棱、莲、金鱼藻等为典型代表。

本书介绍了北京市常见维管湿地植物 104 种，精选最能反映物种特征的生态照片，配以精炼的文字描述，并将关键识别特征用波浪线画出，为读者识别湿地植物提供兼具科学性和可读性的工具书。本书由专业团队编写，鉴定准确，内容可靠，语言简明通俗，普及性强，且小巧便携，是中小学生科普研学、高校师生野外实习、林业工作者科考调查的必备工具书，也是社会公众认识和了解北京及华北地区野外湿地植物的重要“窗口”和“利器”。

感谢刘焱在植物鉴定、图片提供等方面的帮助和建议！

编写时间仓促，错漏之处敬请读者批评指正。

衷心希望本书能让您的工作、学习及户外生活更加明媚!

编著者

2023 年 6 月

目录

满江红　*Azolla imbricata*

槐叶蘋科 Salviniaceae　　满江红属 *Azolla*

小型漂浮植物。植物体呈卵形或三角状，根状茎细长横走，侧枝腋生，假二歧分枝，向下生须根。叶小如芝麻，互生，无柄，覆瓦状排列成两行，叶片肉质，绿色，秋后常变为紫红色，边缘无色透明，上表面密被乳状瘤突，下表面中部略凹陷；腹裂片斜沉水中。孢子果双生于分枝处。

槐叶蘋 *Salvinia natans*

槐叶蘋科 Salviniaceae 槐叶蘋属 *Salvinia*

小型漂浮植物。茎细长而横走，被褐色节状毛。三叶轮生，上面二叶漂浮水面，形如槐叶，长圆形或椭圆形，长0.8~1.4cm，宽5~8mm；叶柄长1mm或近无柄。叶脉斜出，在主脉两侧有小脉15~20对，每条小脉上面有5~8束白色刚毛；叶上面深绿色，下面密被棕色茸毛；下面一叶悬垂水中，细裂成线状，被细毛，形如须根，起着根的作用。孢子果4~8个簇生于沉水叶的基部，表面疏生成束的短毛。

海乳草 *Lysimachia maritima*

报春花科 Primulaceae 珍珠菜属 *Lysimachia*

茎高 3~25cm，直立或下部匍匐，节间短，通常有分枝。叶近于无柄，交互对生或有时互生，间距极短，仅 1mm。花单生于茎中上部叶腋；花梗长可达 1.5mm，有时极短，不明显。蒴果卵状球形，长 2.5~3mm，先端稍尖，略呈喙状。花期 6 月；果期 7~8 月。

菖蒲 *Acorus calamus*

chāng

菖蒲科 Acoraceae　菖蒲属 *Acorus*

根茎横走，稍扁，分枝，直径 5~10mm，外皮黄褐色，芳香，肉质根多数，长 5~6cm，具毛发状须根。叶基生，基部两侧膜质叶鞘宽 4~5mm，向上渐狭，至叶长 1/3 处渐行消失、脱落。叶片剑状线形，长 90~100（~150）cm，中部宽 1~2（~3）cm，基部宽、对褶，中部以上渐狭，草质，绿色，光亮。花黄绿色，花被片长约 2.5mm，宽约 1mm；花丝长 2.5mm，宽约 1mm；子房长圆柱形，长 3mm，粗 1.25mm。浆果长圆形，红色。花期 6~9 月。

茶菱 *Trapella sinensis*

车前科 Plantaginaceae　茶菱属 *Trapella*

根状茎横走。茎绿色，长达 60cm。叶对生，表面无毛，背面淡紫红色；沉水叶三角状圆形至心形，长 1.5~3cm，宽 2.2~3.5cm，顶端钝尖，基部呈浅心形；叶柄长 1.5cm。花单生于叶腋内，在茎上部叶腋多为闭锁花；花梗长 1~3cm，花后增长。萼齿 5，长约 2mm，宿存。花冠漏斗状，淡红色，长 2~3cm，直径 2~3.5cm，裂片 5，圆形，薄膜质，具细脉纹。蒴果狭长，顶端有锐尖的 3 长 2 短的钩状附属物，其中 3 枚长的附属物可达 7cm，顶端卷曲成钩状，2 根短的长 0.5~2cm；不开裂，有种子一颗。花期 6 月。

柳穿鱼 ***Linaria vulgaris*** **subsp.** ***chinensis***

车前科 Plantaginaceae　　柳穿鱼属 *Linaria*

植株高 20~80cm，茎叶无毛；茎直立，常在上部分枝。叶通常多数而互生，少下部的轮生、上部的互生，更少全部叶都呈 4 枚轮生的，条形，常单脉，少 3 脉，长 2~6cm，宽 2~4（~10）mm。总状花序，花期短而花密集，果期伸长而果疏离，花序轴及花梗无毛或有少数短腺毛。蒴果卵球状，长约 8mm；种子盘状，边缘有宽翅，成熟时中央常有瘤状突起。花果期 6~10 月。

北水苦荬(mǎi) *Veronica anagallis-aquatica*

车前科 Plantaginaceae　　婆婆纳属 *Veronica*

根茎斜走。茎直立或基部倾斜，不分枝或分枝，高 10~100cm。叶无柄，上部的半抱茎，多为椭圆形或长卵形，长 2~10cm，宽 1~3.5cm，全缘或有疏而小的锯齿。花序比叶长，多花；花梗与苞片近等长，上升，与花序轴成锐角，果期弯曲向上。蒴果近圆形，长宽近相等，几乎与萼等长，顶端圆钝而微凹，宿存花柱长约 2mm。花期 4~9 月。

水苦荬 *Veronica undulata*

车前科 Plantaginaceae　　婆婆纳属 *Veronica*

叶片有时为条状披针形，通常叶缘有尖锯齿；茎、花序轴、花萼和蒴果上多少有大头针状腺毛。花梗在果期挺直，横叉开，与花序轴几乎成直角，花序宽大于 1cm，可达 1.5cm；花柱也较短，长 1~1.5mm。

扯根菜 *Penthorum chinense*

扯根菜科 Penthoraceae　　扯根菜属 *Penthorum*

高 40~65（~90）cm。根状茎分枝；茎不分枝，稀基部分枝，具多数叶。叶互生，无柄或近无柄，披针形至狭披针形，长 4~10cm，宽 0.4~1.2cm，先端渐尖，边缘具细重锯齿，无毛。聚伞花序具多花，长 1.5~4cm；花序分枝与花梗均被褐色腺毛；苞片小，卵形至狭卵形；花梗长 1~2.2mm；花小型，黄白色。蒴果红紫色，直径 4~5mm；种子多数，卵状长圆形，表面具小丘状突起。花果期 7~10 月。

华水苏 *Stachys chinensis*

唇形科 Lamiaceae　　水苏属 *Stachys*

直立，高约 60cm。茎单一，不分枝，或常于基部分枝，四棱形，具槽。茎叶长圆状披针形，长 5.5~8.5cm，宽 1~1.5cm，先端钝，基部近圆形，边缘具锯齿状圆齿，上面绿色，疏被小刚毛或老时脱落，下面灰绿色，叶柄极短，长 2~5mm。轮伞花序通常 6 花，远离而组成长穗状花序。小坚果卵圆状三棱形，褐色，无毛。花期 6~8 月，果期 7~9 月。

毛水苏 *Stachys baicalensis*

唇形科 Lamiaceae　水苏属 *Stachys*

高 50~100cm，有在节上生须根的根茎。茎直立，单一，或在上部具分枝，四棱形，具槽。茎叶长圆状线形，长 4~11cm，宽 0.7~1.5cm，先端稍锐尖，基部圆形，边缘有小的圆齿状锯齿，叶柄短，长 1~2mm，或近于无柄。轮伞花序通常具 6 花，多数组成穗状花序，在其基部者远离，在上部者密集；花冠淡紫色至紫色，长达 1.5cm。小坚果棕褐色，卵珠状，无毛。花期 7 月，果期 8 月。

尖被灯芯草 *Juncus turczaninowii*

灯芯草科 Juncaceae　　灯芯草属 *Juncus*

高 20~45cm；根状茎横走。茎密丛生，直立，圆柱形，直径 1~1.5mm，绿色，具纵沟纹。基生叶 1~2 枚；茎生叶通常 2 枚；叶片扁圆柱形，长 5~15cm，宽 1~1.5mm，顶端针形，横隔明显，关节状；叶鞘长 3~7cm，松弛抱茎。头状花序半球形，直径 2~5mm，有（2~）3~6（~7）朵花；叶状总苞片 1 枚，常短于花序；头状花序基部有膜质苞片 2 枚。蒴果三棱状长圆形或椭圆形，长 2.6~3mm，黑褐色或褐色，有光泽，顶端具短尖头；种子椭圆形或近卵形，长约 0.5mm，棕色，表面具网纹。花期 6~7 月，果期 7~9 月。

扁茎灯芯草 *Juncus gracillimus*

灯芯草科 Juncaceae 灯芯草属 *Juncus*

高（8~）15~40（~70）cm；根状茎粗壮，横走，褐色，具黄褐色须根。茎丛生，直立，圆柱形或稍扁，绿色，直径0.5~1.5mm。叶基生和茎生；基生叶2~3枚；叶片线形，长3~15cm，宽0.5~1mm；茎生叶1~2枚；叶片线形，扁平，长10~15（~20）cm；叶鞘长2~9cm，松弛抱茎。蒴果卵球形，长约2.5mm，超出花被，上端钝，具短尖头，有3个隔膜，成熟时褐色、光亮；种子斜卵形，长约0.4mm，表面具纵纹，成熟时褐色。花期5~7月，果期6~8月。

小灯芯草 *Juncus bufonius*

灯芯草科 Juncaceae　灯芯草属 *Juncus*

高 4~20（~30）cm，有多数细弱、浅褐色须根。茎丛生，细弱，直立或斜升，有时稍下弯，基部常红褐色。叶基生和茎生；茎生叶常 1 枚；叶片线形，扁平，长 1~13cm，宽约 1mm，顶端尖；叶鞘具膜质边缘，无叶耳。花序呈二歧聚伞状，或排列成圆锥状，生于茎顶，占整个植株的 1/4~4/5，花序分枝细弱而微弯。蒴果三棱状椭圆形，黄褐色，长 3~4（~5）mm，顶端稍钝，3 室；种子椭圆形，两端细尖，黄褐色，有纵纹，长 0.4~0.6mm。花常闭花受精。花期 5~7 月，果期 6~9 月。

bài
稗 ***Echinochloa crus-galli***

禾本科 Poaceae　　稗属 *Echinochloa*

秆高 50~150cm，光滑无毛，基部倾斜或膝曲。叶鞘疏松裹秆，平滑无毛，下部者长于而上部者短于节间；叶舌缺；叶片扁平，线形，长 10~40cm，宽 5~20mm，无毛，边缘粗糙。圆锥花序直立，近尖塔形，长 6~20cm。花果期 6~9 月。

长芒稗 *Echinochloa caudata*

禾本科 Poaceae 稗属 *Echinochloa*

秆高 1~2m。叶鞘无毛或常有疣基毛；叶舌缺；叶片线形，长 10~40cm，宽 1~2cm，两面无毛，边缘增厚而粗糙。圆锥花序稍下垂，长 10~25cm，宽 1.5~4cm；分枝密集，常再分小枝。小穗卵状椭圆形，常带紫色，长 3~4mm，脉上具硬刺毛，有时疏生疣基毛；花柱基分离。花果期 6~9 月。

无芒稗 *Echinochloa crusgali* var. *mitis*

禾本科 Poaceae　稗属 *Echinochloa*

秆高50~120cm，直立，粗壮。叶片长20~30cm，宽6~12mm。圆锥花序直立，长10~20cm，分枝斜上举而开展，常再分枝；小穗卵状椭圆形，长约3mm，无芒或具极短芒，芒长一般不超过0.5mm，脉上被疣基硬毛。花果期6~9月。

西来稗 *Echinochloa crusgalli* var. *zelayensis*

禾本科 Poaceae 稗属 *Echinochloa*

秆高 50~75cm。叶片长 5~20mm，宽 4~12mm。圆锥花序直立，长 11~19cm，分枝上不再分枝；小穗卵状椭圆形，长 3~4mm，顶端具小尖头而无芒，脉上无疣基毛，但疏生硬刺毛。花果期 6~9 月。

假稻 *Leersia japonica*

禾本科 Poaceae　　假稻属 *Leersia*

秆下部伏卧地面，节生多分枝的须根，上部向上斜升，高 60~80cm，节密生倒毛。叶鞘短于节间，微粗糙；叶舌长 1~3mm，基部两侧下延与叶鞘连合；叶片长 6~15cm，宽 4~8mm，粗糙或下面平滑。圆锥花序长 9~12cm，分枝平滑，直立或斜升，有角棱，稍压扁；小穗长 5~6mm，带紫色；外稃具 5 脉，脊具刺毛；内稃具 3 脉，中脉生刺毛；雄蕊 6 枚，花药长 3mm。花果期 6~9 月。

芦苇 *Phragmites australis*

禾本科 Poaceae　芦苇属 *Phragmites*

多年生，根状茎十分发达。秆直立，高 1~3（~8）m，直径 1~4cm，具 20 多节，基部和上部的节间较短，节下被腊粉。叶鞘下部者短于而上部者长于其节间；叶舌边缘密生一圈长约 1mm 的短纤毛，两侧缘毛长 3~5mm，易脱落；叶片披针状线形，长 30cm，宽 2cm，无毛，顶端长渐尖成丝形，叶片常见"牙印"特征。圆锥花序大型，长 20~40cm，宽约 10cm，分枝多数，长 5~20cm，着生稠密下垂的小穗；雄蕊 3 枚，花药长 1.5~2mm，黄色。颖果长约 1.5mm。花果期 8~10 月。

荻 *Miscanthus sacchariflorus*

禾本科 Poaceae　芒属 *Miscanthus*

具发达被鳞片的长匍匐根状茎，节处生有粗根与幼芽。秆直立，高 1~1.5m，直径约 5mm，具 10 多节，节生柔毛。叶鞘无毛，长于或上部者稍短于其节间；叶舌短，长 0.5~1mm，具纤毛；叶片扁平，宽线形，长 20~50cm，宽 5~18mm。圆锥花序疏展成伞房状，长 10~20cm，宽约 10cm；小穗柄顶端稍膨大，基部腋间常生有柔毛，短柄长 1~2mm，长柄长 3~5mm；小穗线状披针形，长 5~5.5mm，成熟后带褐色，基盘具长为小穗 2 倍的丝状柔毛。颖果长圆形，长 1.5mm。花果期 8~10 月。

花蔺(lìn) ***Butomus umbellatus***

花蔺科 Butomaceae　花蔺属 *Butomus*

根茎横走或斜向生长，节生须根多数。叶基生，长 30~120cm，宽 3~10mm，无柄，先端渐尖，基部扩大成鞘状，鞘缘膜质。花葶圆柱形，长约 70cm；花序基部 3 枚苞片卵形，先端渐尖；花柄长 4~10cm。种子多数，细小。花果期 7~9 月。

金鱼藻 *Ceratophyllum demersum*

金鱼藻科 Ceratophyllaceae　金鱼藻属 *Ceratophyllum*

茎长 40~150cm，平滑，具分枝。叶 4~12 轮生，1~2 次二叉状分歧，裂片丝状或丝状条形，长 1.5~2cm，宽 0.1~0.5mm，先端带白色软骨质，边缘仅一侧有数细齿。花直径约 2mm；苞片 9~12，条形，长 1.5~2mm，浅绿色，透明，先端有 3 齿及带紫色毛。坚果宽椭圆形，长 4~5mm，宽约 2mm，黑色，平滑，边缘无翅，有 3 刺，顶生刺（宿存花柱）长 8~10mm，先端具钩，基部 2 刺向下斜伸，长 4~7mm，先端渐细成刺状。花期 6~7 月，果期 8~10 月。

粗糙金鱼藻 *Ceratophyllum muricatum* subsp. *kossinskyi*

金鱼藻科 Ceratophyllaceae　金鱼藻属 *Ceratophyllum*

茎分枝，节间长 1~2cm，顶端者较短。叶常 5~11 轮生，3~4 次二叉状分歧，裂片长 1~2cm，宽 0.2~0.4mm。花未见。坚果椭圆形，长 4~5mm，宽 3~4mm，褐色，有疣状突起，边缘稍有翅，有 3 刺。果期 9 月。

款冬 *Tussilago farfara*

菊科 Asteraceae　款冬属 *Tussilago*

根状茎横生地下，褐色。早春花叶抽出数个花莛，高5~10cm，密被白色茸毛，有鳞片状、互生的苞叶，苞叶淡紫色。头状花序单生顶端，直径2.5~3cm，初时直立，花后下垂。瘦果圆柱形，长3~4mm；冠毛白色，长10~15mm。后生出基生叶阔心形，具长叶柄，叶片长3~12cm，宽4~14cm，边缘有波状，顶端具增厚的疏齿，掌状网脉，下面密被白色茸毛；叶柄长5~15cm，被白色绵毛。花果期2~4月。

鳢肠 *Eclipta prostrata*

菊科 Asteraceae　　鳢肠属 *Eclipta*

茎直立，斜升或平卧，高达 60cm，通常自基部分枝，被贴生糙毛。叶长圆状披针形或披针形，无柄或有极短的柄，长 3~10cm，宽 0.5~2.5cm，顶端尖或渐尖，边缘有细锯齿或有时仅波状，两面被密硬糙毛。头状花序径 6~8mm，有长 2~4cm 的细花序梗。瘦果暗褐色，长 2.8mm，雌花的瘦果三棱形，两性花的瘦果扁四棱形，顶端截形，具 1~3 个细齿。花期 6~9 月。

狸藻 *Utricularia vulgaris*

狸藻科 Lentibulariaceae　狸藻属 *Utricularia*

匍匐枝圆柱形，长 15~80cm，粗 0.5~2mm，多分枝，无毛，节间长 3~12mm。叶器多数，互生，2 裂达基部，裂片轮廓呈卵形、椭圆形或长圆状披针形，长 1.5~6cm，宽 1~2cm，先羽状深裂，后二至四回二歧状深裂；末回裂片毛发状，顶端急尖或微钝，边缘具数个小齿，顶端及齿端各有一至数条小刚毛，其余部分无毛。花序直立，长 10~30cm，中部以上具 3~10 朵疏离的花，无毛；花冠黄色，长 12~18mm，无毛。蒴果球形，长 3~5mm，周裂。花期 6~8 月，果期 7~9 月。

莲 *Nelumbo nucifera*

莲科 Nelumbonaceae　莲属 *Nelumbo*

根状茎横生，肥厚，节间膨大，内有多数纵行通气孔道，节部缢缩，上生黑色鳞叶，下生须状不定根。叶圆形，盾状，直径 25~90cm，全缘稍呈波状，上面光滑，具白粉，下面叶脉从中央射出，有 1~2 次叉状分枝；叶柄粗壮，圆柱形，长 1~2m，中空，外面散生小刺。花梗等长或稍长于叶柄，也散生小刺；花直径 10~20cm；花瓣红色、粉红色或白色，长 5~10cm，宽 3~5cm。坚果椭圆形或卵形，长 1.8~2.5cm，果皮革质，坚硬，熟时黑褐色；种子（莲子）卵形或椭圆形，长 1.2~1.7cm。花期 6~8 月，果期 8~10 月。

两栖蓼（liǎo） *Persicaria amphibia*

蓼科 Polygonaceae　　蓼属 *Persicaria*

水生茎漂浮，全株无毛，节部生根。叶浮于水面，长圆形或椭圆形，长 5~12cm，基部近心形；叶柄长 0.5~3cm；陆生茎高达 60cm，不分枝或基部分枝；叶披针形或长圆状披针形，长 6~14cm，先端尖，基部近圆，两面被平伏硬毛，具缘毛。穗状花序长 2~4cm。瘦果近球形，扁平，双凸，径 2.5~3mm，包于宿存花被内。花果期 7~9 月。

水蓼 *Persicaria hydropiper*

蓼科 Polygonaceae　蓼属 *Persicaria*

高达 70cm；茎直立，多分枝，无毛；叶披针形或椭圆状披针形，先端渐尖，基部楔形，具辛辣叶，叶腋具闭花受精花，托叶鞘具缘毛。穗状花序下垂，花稀疏，花被（4~）5 深裂，绿色，上部白色或淡红色，椭圆形；雄蕊较花被短，花柱 2~3。瘦果卵形，扁平。花果期 5~10 月。

酸模叶蓼 *Persicaria lapathifolia*

蓼科 Polygonaceae　蓼属 *Persicaria*

高 40~90cm。茎直立，具分枝，无毛，节部膨大。叶披针形或宽披针形，长 5~15cm，宽 1~3cm，顶端渐尖或急尖，基部楔形，上面绿色，常有一个大的黑褐色新月形斑点；叶柄短，具短硬伏毛。总状花序呈穗状，顶生或腋生；雄蕊通常 6 枚。瘦果宽卵形，双凹，长 2~3mm，黑褐色。花期 6~8 月，果期 7~9 月。

箭头蓼 *Persicaria sagittata*

蓼科 Polygonaceae　蓼属 *Persicaria*

茎基部外倾，上部近直立，有分枝，无毛，四棱形，沿棱具倒生皮刺。叶宽披针形或长圆形，长 2.5~8cm，宽 1~2.5cm，顶端急尖，基部箭形，两面无毛；叶柄长 1~2cm，具倒生皮刺。花序头状，通常成对，顶生或腋生，花序梗细长，疏生短皮刺；苞片椭圆形，顶端急尖，背部绿色，边缘膜质，每苞内具 2~3 花；花梗短，长 1~1.5mm，比苞片短。瘦果宽卵形，具 3 棱，黑色，无光泽，长约 2.5mm，包于宿存花被内。花期 6~9 月，果期 8~10 月。

戟(jǐ)叶蓼 ***Persicaria thunbergii***

蓼科 Polygonaceae　蓼属 *Persicaria*

茎直立或上升，具纵棱，沿棱具倒生皮刺，基部外倾，节部生根，高 30~90cm。叶戟形，长 4~8cm，宽 2~4cm，顶端渐尖，基部截形或近心形，两面疏生刺毛。花序头状，顶生或腋生，分枝，花序梗具腺毛及短柔毛；苞片披针形，顶端渐尖，边缘具缘毛，每苞内具 2~3 花；花梗无毛，比苞片短。瘦果宽卵形，具 3 棱，黄褐色，无光泽，长 3~3.5mm，包于宿存花被内。花期 7~9 月，果期 8~10 月。

沼生柳叶菜 *Epilobium palustre*

柳叶菜科 Onagraceae　柳叶菜属 *Epilobium*

自茎基部底下或地上生出纤细的越冬匍匐枝，长5~50cm，稀疏的节上生成对的叶，顶生肉质鳞芽，次年鳞叶变褐色，生茎基部。茎高（5~）15~70cm，粗0.5~5.5mm，不分枝或分枝。叶对生，花序上的互生，近线形至狭披针形，长1.2~7cm，宽0.3~1.2（~1.9）cm。花近直立；花蕾椭圆状卵形，长2~3mm，径1.8~2.2mm。种子菱形至狭倒卵状，长（1.1~）1.3~2.2mm，径0.38~0.55mm，顶端具长喙（长0.08~0.3mm），褐色，表面具细小乳突。花期6~8月，果期8~9月。

柳叶菜 *Epilobium hirsutum*

柳叶菜科 Onagraceae　柳叶菜属 *Epilobium*

地下匍匐根状茎，茎上疏生鳞片状叶，先端常生莲座状叶芽。茎高 25~120（~250）cm，粗 3~12（~22）mm；叶草质，对生，茎上部的互生，无柄，并多少抱茎。总状花序直立；苞片叶状；花直立，花蕾卵状长圆形，长 4.5~9mm，径 2.5~5mm。蒴果长 2.5~9cm，被毛同子房上的；果梗长 0.5~2cm；种子倒卵状，长 0.8~1.2mm，径 0.35~0.6mm，顶端具很短的喙，深褐色。花期 6~8 月，果期 7~9 月。

小花柳叶菜 *Epilobium parviflorum*

柳叶菜科 Onagraceae　　柳叶菜属 *Epilobium*

茎高 18~100（~160）cm，粗 3~10mm，在上部常分枝，周围混生长柔毛与短腺毛，下部被伸展的灰色长柔毛，同时叶柄下延的棱线多少明显。叶对生，茎上部的互生，狭披针形或长圆状披针形，长 3~12cm，宽 0.5~2.5cm；叶柄近无或长 1~3mm。总状花序直立，花直立，花蕾长圆状倒卵球形，长 3~5mm，径 2~3mm。种子倒卵球状，长 0.8~1.1mm，径 0.4~0.5mm，顶端圆形，具很不明显的喙，褐色，表面具粗乳突；种缨长 5~9mm，深灰色或灰白色，易脱落。花期 6~9 月，果期 7~10 月。

水葫芦苗 *Halerpestes cymbalaria*

毛茛科 Ranunculaceae　碱毛茛属 *Halerpestes*

匍匐茎细长，横走。叶多数；叶片纸质，多近圆形，或肾形、宽卵形，长 0.5~2.5cm，宽稍大于长，基部圆心形、截形或宽楔形，边缘有 3~7（~11）个圆齿；叶柄长 2~12cm，稍有毛。花莛 1~4 条，高 5~15cm，无毛。瘦果小而极多，斜倒卵形，长 1.2~1.5mm，两面稍鼓起，有 3~5 条纵肋，无毛，喙极短，呈点状。花果期 5~9 月。

水毛茛(gèn) *Batrachium bungei*

毛茛科 Ranunculaceae　水毛茛属 *Batrachium*

茎长 30cm 以上，无毛或在节上有疏毛。叶有短或长柄；叶片轮廓近半圆形或扇状半圆形，直径 2.5~4cm，三至五回 2~3 裂，小裂片近丝形，在水外通常收拢或近叉开，无毛或近无毛；叶柄长 0.7~2cm。花直径 1~1.5（~2）cm；花梗长 2~5cm，无毛。聚合果卵球形，直径约 3.5mm；瘦果 20~40，斜狭倒卵形，长 1.2~2mm，有横皱纹。花期 5~8 月。

北京水毛茛 *Batrachium pekinense*

毛茛科 Ranunculaceae　水毛茛属 *Batrachium*

茎长 30cm 以上，无毛或在节上有疏毛，分枝。叶有柄；叶片轮廓楔形或宽楔形，长 1.6~3cm，宽 1.4~2.5cm，二型，沉水叶裂片丝形，上部浮水叶二至三回 3~5 中裂至深裂，裂片较宽，末回裂片短线形，宽 0.2~0.6mm，无毛；叶柄长 0.5~1.2cm，基部有鞘，无毛或在鞘上有疏短柔毛。花直径 0.9~1.2cm；花梗长 1.2~3.7cm，无毛。花期 5~8 月。

千屈菜 *Lythrum salicaria*

千屈菜科 Lythraceae　　千屈菜属 *Lythrum*

茎高 1m 左右，直立，少分枝，茎叶均无毛。叶对生，披针形或椭圆状披针形，长 2~4cm，宽 5~7mm，顶端渐尖，基部短尖或阔楔形，全缘，几无柄，不抱茎。花紫红色，3~5 朵组成聚伞花序，生于苞腋成轮生状；花梗长约 2mm，总花梗极短或几无。

水苋菜 *Ammannia baccifera*

千屈菜科 Lythraceae　水苋菜属 *Ammannia*

高 10~50cm；茎直立，多分枝，带淡紫色，稍呈四棱，具狭翅。叶生于下部的对生，生于上部的或侧枝的有时略呈互生，长椭圆形、矩圆形或披针形，生于茎上的长可达 7cm，生于侧枝的较小，长 6~15mm，宽 3~5mm，近无柄。花梗长 1.5mm；花极小，长约 1mm，绿色或淡紫色。蒴果球形，紫红色，直径 1.2~1.5mm；种子极小，黑色。花期 8~10 月，果期 9~12 月。

水芹 *Oenanthe javanica*

伞形科 Apiaceae　水芹属 *Oenanthe*

茎长 30cm 以上，无毛或在节上有疏毛，分枝。叶有柄；叶片轮廓楔形或宽楔形，长 1.6~3cm，宽 1.4~2.5cm，二型，沉水叶裂片丝形；叶柄长 0.5~1.2cm，基部有鞘，无毛或在鞘上有疏短柔毛。花直径 0.9~1.2cm；花梗长 1.2~3.7cm，无毛。花期 5~8 月。

泽芹 *Sium suave*

伞形科 Apiaceae　泽芹属 *Sium*

高 60~120cm。有成束的纺锤状根和须根。茎直立，粗大，有条纹，有少数分枝，通常在近基部的节上生根。叶片轮廓呈长圆形至卵形，长 6~25cm，宽 7~10cm，一回羽状分裂，有羽片 3~9 对，羽片无柄，疏离，披针形至线形，长 1~4cm，宽 3~15mm，基部圆楔形，先端尖，边缘有细锯齿或粗锯齿。复伞形花序顶生和侧生，花序梗粗壮，长 3~10cm；花白色，花柄长 3~5mm。果实卵形，长 2~3mm，分生果的果棱肥厚，近翅状。花期 8~9 月，果期 9~10 月。

牛毛毡 *Eleocharis yokoscensis*

莎草科 Cyperaceae 荸荠属 *Eleocharis*

匍匐根状茎非常细。秆多数，细如毫发，密丛生如牛毛毡，因而得名，高 2~12cm。叶鳞片状，具鞘，鞘微红色，膜质，管状，高 5~15mm。小穗卵形，顶端钝，长 3mm，宽 2mm，淡紫色，只有几朵花，所有鳞片全有花。小坚果狭长圆形，无棱，呈浑圆状，顶端缢缩；花柱基稍膨大呈短尖状，直径约为小坚果宽的 1/3。花果期 4~11 月。

卵穗荸荠 *Eleocharis ovata*

bí qi

莎草科 Cyperaceae　荸荠属 *Eleocharis*

无匍匐根状茎。秆多数，密丛生，瘦细，圆柱状，光滑，无毛，高4~50cm。小穗卵形或宽卵形，顶端急尖，长4~8mm，宽3~4mm，锈色，密生多数花；在小穗基部有2片鳞片中空无花，最下的一片抱小穗基部近一周或达一周的3/4；其余鳞片全有花。小坚果小，倒卵形，背面凸，腹面微凸，为不平衡的双凸状，长0.8mm，宽约0.5mm。花果期8~12月。

具刚毛荸荠 *Eleocharis valleculosa* var. *setosa*

莎草科 Cyperaceae　荸荠属 *Eleocharis*

匍匐根状茎。秆多数或少数，单生或丛生，圆柱状，干后略扁，高 6~50cm，直径 1~3mm。小穗长圆状卵形或线状披针形，少有椭圆形和长圆形，长 7~20mm，宽 2.5~3.5mm，后期为麦秆黄色，有多数或极多数密生的两性花；在小穗基部有两个鳞片，中空无花，抱小穗基部的 1/2~2/3 周以上。小坚果圆倒卵形，双凸状，长 1mm，宽大致相同，淡黄色；花柱基为宽卵形，长为小坚果的 1/3，宽约为小坚果的 1/2，海绵质。花果期 6~8 月。

红鳞扁莎（suō） *Pycreus sanguinolentus*

莎草科 Cyperaceae　扁莎属 *Pycreus*

根为须根。秆密丛生，高 7~40cm，扁三棱形，平滑。叶稍多，常短于秆，少有长于秆，宽 2~4mm，平张，边缘具白色透明的细刺。苞片 3~4 枚，叶状，近于平向展开，长于花序；由 4~12 个或更多的小穗密聚成短的穗状花序；小穗辐射展开，长圆形、线状长圆形或长圆状披针形，长 5~12mm，宽 2.5~3mm，具 6~24 朵花；小穗轴直，四棱形，无翅。花果期 7~12 月。

球穗扁莎 *Pycreus flavidus*

莎草科 Cyperaceae　扁莎属 *Pycreus*

根状茎短，具须根。秆丛生，细弱，高 7~50cm，钝三棱形，一面具沟，平滑。叶少，短于秆，宽 1~2mm，折合或平张；叶鞘长，下部红棕色。苞片 2~4 枚，细长，较长于花序；小穗轴近四棱形，两侧有具横隔的槽；鳞片稍疏松排列，膜质，长圆状卵形，顶端钝，长 1.5~2mm，背面龙骨状突起绿色；具 3 条脉，两侧黄褐色、红褐色或为暗紫红色，具白色透明的狭边。小坚果倒卵形，顶端有短尖，双凸状，稍扁，长约为鳞片的 1/3，褐色或暗褐色，具白色透明膜和微突起的细点。花果期 6~11 月。生长于田边、沟旁潮湿处或溪边湿润的沙土上。

荆三棱 *Bolboschoenus yagara*

莎草科 Cyperaceae　　三棱草属 *Bolboschoenus*

根状茎粗而长，呈匍匐状，顶端生球状块茎，又常从块茎生匍匐根状茎。秆高大粗壮，高 70~150cm，锐三棱形，平滑，基部膨大，具秆生叶。叶扁平，线形，宽 5~10mm，稍坚挺。花序具 3~8 个辐射枝，辐射枝最长达 7cm；每个辐射枝具 1~3（~4）小穗；小穗卵形或长圆形，锈褐色，长 1~2cm，宽 5~8（10）mm，具多数花。小坚果倒卵形，三棱形，黄白色。花期 5~7 月。生于湖、河浅水中。

扁秆荆三棱 *Bolboschoenus planiculmis*

莎草科 Cyperaceae　三棱草属 *Bolboschoenus*

具匍匐根状茎和块茎。秆高 60~100cm，一般较细，三棱形，平滑，具秆生叶。叶扁平，宽 2~5mm，向顶部渐狭，具长叶鞘。花序通常具 1~6 个小穗；小穗卵形或长圆状卵形，锈褐色，长 10~16mm，宽 4~8mm，具多数花。小坚果宽倒卵形，或倒卵形，扁，两面稍凹，或稍凸，长 3~3.5mm。花期 5~6 月，果期 7~9 月。生长于湖、河边近水处，海拔高度 2~1600m 处都能生长。

异型莎草 *Cyperus difformis*

莎草科 Cyperaceae　莎草属 *Cyperus*

根为须根。秆丛生，稍粗或细弱，高 2~65cm，扁三棱形，平滑。叶短于秆，宽 2~6mm，平张或折合；叶鞘稍长，褐色。头状花序球形，直径 5~15mm；小穗密聚，披针形或线形，长 2~8mm，宽约 1mm，具 8~28 朵花。小坚果倒卵状椭圆形，三棱形，几与鳞片等长，淡黄色。花果期 7~10 月。

褐穗莎草 *Cyperus fuscus*

莎草科 Cyperaceae　莎草属 *Cyperus*

具须根。秆丛生，细弱，高 6~30cm，扁锐三棱形，平滑，基部具少数叶。叶短于秆或有时几与秆等长，宽 2~4mm。小穗多数，密聚成近头状花序，线状披针形或线形，长 3~6mm，宽约 1.5mm，稍扁平，具 8~24 朵花；小穗轴无翅。小坚果椭圆形，三棱形，长约为鳞片的 2/3，淡黄色。花果期 7~10 月。

头状穗莎草 *Cyperus glomeratus*

莎草科 Cyperaceae　莎草属 *Cyperus*

具须根。高 50~95cm，钝三棱形，平滑，基部稍膨大，具少数叶。叶短于秆，宽 4~8mm，边缘不粗糙。花序具 3~8 个辐射枝，辐射枝长短不等，最长达 12cm；穗状花序无总花梗，近于圆形、椭圆形或长圆形，长 1~3cm，宽 6~17mm，具极多数小穗。小坚果长圆形，三棱形，长为鳞片的 1/2，灰色，具明显的网纹。花果期 6~10 月。

碎米莎草 *Cyperus iria*

莎草科 Cyperaceae　莎草属 *Cyperus*

无根状茎，具须根。秆丛生，高 8~85cm，扁三棱形，基部具少数叶，叶短于秆，宽 2~5mm。花序具 4~9 个辐射枝，辐射枝最长达 12cm，每个辐射枝具 5~10 个穗状花序；穗状花序卵形或长圆状卵形，长 1~4cm，具 5~22 个小穗。小坚果倒卵形或椭圆形，三棱形，与鳞片等长，褐色，具密的微突起细点。花果期 6~10 月。

旋鳞莎草 *Cyperus michelianus*

莎草科 Cyperaceae　莎草属 *Cyperus*

具许多须根。秆密丛生，高 2~25cm，扁三棱形，平滑。叶长于或短于秆，宽 1~2.5mm；基部叶鞘紫红色。小穗卵形或披针形，长 3~4mm，宽约 1.5mm，具 10~20 余朵花。小坚果狭长圆形，三棱形，表面包有一层白色透明疏松的膜。花果期 6~9 月。

具芒碎米莎草 *Cyperus microiria*

莎草科 Cyperaceae 莎草属 *Cyperus*

秆丛生，高 20~50cm，稍细，锐三棱形，平滑，基部具叶。叶短于秆，宽 2.5~5mm，平张；叶鞘红棕色，表面稍带白色。叶状苞片 3~4 枚，长于花序；穗状花序卵形或宽卵形或近于三角形，长 2~4cm，宽 1~3cm，具多数小穗。小坚果倒卵形，三棱形，几与鳞片等长，深褐色，具密的微突起细点。花果期 8~10 月。

白鳞莎草 *Cyperus nipponicus*

莎草科 Cyperaceae　莎草属 *Cyperus*

具许多细长的须根。秆密丛生，细弱，高5~20cm，扁三棱形，平滑，基部具少数叶。叶通常短于秆，宽1.5~2mm，平张或有时折合。小穗无柄，披针形或卵状长圆形，压扁，长3~8mm，宽1.5~2mm，具8~30朵花。小坚果长圆形，平凸状或有时近于凹凸状，长约为鳞片的1/2，黄棕色。花果期8~9月。

香附子 *Cyperus rotundus*

莎草科 Cyperaceae　莎草属 *Cyperus*

匍匐根状茎长，具椭圆形块茎。叶较多，短于秆，宽2~5mm，平张。花序具（2~）3~10个辐射枝；辐射枝最长达12cm；穗状花序轮廓为陀螺形，稍疏松，具3~10个小穗；小穗斜展开，线形，长1~3cm，宽约1.5mm，具8~28朵花；小穗轴具较宽的、白色透明的翅。小坚果长圆状倒卵形，三棱形。花果期5~11月。

水莎草 *Juncellus serotinus*

莎草科 Cyperaceae　水莎草属 *Juncellus*

根状茎长。秆高 35~100cm，粗壮，扁三棱形，平滑。叶片少，短于秆或有时长于秆，宽 3~10mm，平滑，基部折合，上面平张，背面中肋呈龙骨状突起。花序轴被疏的短硬毛；小穗排列稍松，披针形或线状披针形，长 8~20mm，宽约 3mm，具 10~34 朵花。小坚果椭圆形或倒卵形，平凸状，长约为鳞片的 4/5，棕色，稍有光泽，具突起的细点。花果期 7~10 月。

三棱水葱 *Schoenoplectus triqueter*

莎草科 Cyperaceae　　水葱属 *Schoenoplectus*

匍匐根状茎长，直径 1~5mm，干时呈红棕色。秆散生，粗壮，高 20~90cm，三棱形，基部具 2~3 个鞘，鞘膜质，横脉明显隆起，最上一个鞘顶端具叶片。叶片扁平，长 1.3~5.5（~8）cm，宽 1.5~2mm。花序假侧生，有 1~8 个辐射枝。小坚果倒卵形，平凸状，长 2~3mm，成熟时褐色，具光泽。花果期 6~9 月。

水葱　*Schoenoplectus tabernaemontani*

莎草科 Cyperaceae　水葱属 *Schoenoplectus*

匍匐根状茎粗壮，具许多须根。秆高大，圆柱状，高1~2m，平滑，基部具3~4个叶鞘，鞘长可达38cm，管状，膜质，最上面一个叶鞘具叶片。叶片线形，长1.5~11cm。小穗单生或2~3个簇生于辐射枝顶端，卵形或长圆形，顶端急尖或钝圆，长5~10mm，宽2~3.5mm，具多数花。小坚果倒卵形或椭圆形，双凸状，少有三棱形，长约2mm。花果期6~9月。

青绿薹草 *Carex breviculmis*

莎草科 Cyperaceae　薹草属 *Carex*

根状茎短。秆丛生，高 8~40cm，纤细，三棱形，上部稍粗糙，基部叶鞘淡褐色，撕裂成纤维状。叶短于秆，宽 2~3（~5）mm，平张，边缘粗糙，质硬。苞片最下部叶状，长于花序，具短鞘，鞘长 1.5~2mm；小穗 2~5 个，上部的接近，下部的远离，顶生小穗雄性，长圆形，长 1~1.5cm，宽 2~3mm，近无柄，紧靠近其下面的雌性小穗。小坚果紧包于果囊中，卵形，长约 1.8mm。花果期 3~6 月。

溪水薹草 *Carex forficula*

莎草科 Cyperaceae　　薹草属 *Carex*

根状茎短，形成塔头。秆紧密丛生，高 40~90cm，三棱形，粗糙，基部叶鞘无叶片，黄褐色，稍有光泽，明显细裂成网状。叶与秆等长或稍长于秆，宽 2.5~4mm，平张，边缘反卷，绿色。小坚果紧包于果囊中，卵形或宽倒卵形，近双凸状，基部宽楔形，长 2~2.5mm；花柱基部不膨大，柱头 2 个。花果期 6~7 月。

鸭绿薹草　*Carex jaluensis*

莎草科 Cyperaceae　薹草属 *Carex*

根状茎短、木质，具较粗壮的地下匍匐茎。秆密丛生，高 30~85cm，较粗壮，钝三棱形，上部棱上稍粗糙，基部具淡黄褐色无叶片的或短叶片的鞘，鞘长可达 10cm。叶稍短于秆，宽 3~6mm，平张。小穗 5~7 个，下面的 1~2 个稍远离，上面的小穗间距较短。小坚果紧密地包于果囊内，倒卵形，三棱形，长约 1.5mm，顶端具小短尖；花柱基部不增粗，柱头 3 个。花果期 5~7 月。

尖嘴薹草 *Carex leiorhyncha*

莎草科 Cyperaceae　薹草属 *Carex*

根状茎短，木质。全株密生锈色点线，秆丛生，高 20~80cm，宽 1.5~3mm，三棱形，上部粗糙，下部平滑，基部叶鞘锈褐色。叶短于秆，宽 3~5mm，平张，先端长渐尖，基部叶鞘疏松包茎，腹面膜质部分具横皱纹，其顶端截形。苞片刚毛状，下部 1~2 枚叶状，长于小穗；小穗多数，卵形，长 5~12mm，宽 4~6mm。花果期 6~7 月。

翼果薹草 *Carex neurocarpa*

莎草科 Cyperaceae　　薹草属 *Carex*

根状茎短，木质。秆丛生，全株密生锈色点线，高 15~100cm，宽约 2mm，粗壮，扁钝三棱形，平滑，基部叶鞘无叶片，淡黄锈色。叶短于或长于秆，宽 2~3mm，平张，边缘粗糙，先端渐尖，基部具鞘，鞘腹面膜质，锈色。苞片下部叶状，显著长于花序，无鞘，上部刚毛状；小穗多数，雄雌顺序，卵形，长 5~8mm；穗状花序紧密，呈尖塔状圆柱形，长 2.5~8cm，宽 1~1.8cm。花果期 6~8 月。

水毛花 *Schoenoplectiella mucronata*

莎草科 Cyperaceae　　萤蔺属 *Schoenoplectiella*

根状茎粗短，无匍匐根状茎，具细长须根。秆丛生，稍粗壮，高 50~120cm，锐三棱形，基部具 2 个叶鞘，鞘棕色，长 7~23cm，顶端呈斜截形，无叶片。小穗（2~）5~9（~20）个聚集成头状，假侧生，卵形、长圆状卵形、圆筒形或披针形，顶端钝圆或近于急尖，长 8~16mm，宽 4~6mm，具多数花。小坚果倒卵形或宽倒卵形，扁三棱形，长 2~2.5mm，成熟时暗棕色，具光泽，稍有皱纹。花果期 5~8 月。

萤蔺 *Schoenoplectiella juncoides*

莎草科 Cyperaceae　　萤蔺属 *Schoenoplectiella*

丛生，根状茎短，具许多须根。秆稍坚挺，圆柱状，少数近于有棱角，平滑，基部具 2~3 个鞘；鞘的开口处为斜截形，顶端急尖或圆形，边缘为干膜质，无叶片。小穗（2~）3~5（~7）个聚成头状，假侧生，卵形或长圆状卵形，长 8~17mm，宽 3.5~4mm，棕色或淡棕色，具多数花。小坚果宽倒卵形，或倒卵形，平凸状，长约 2mm 或更长些，稍皱缩，但无明显的横皱纹，成熟时黑褐色，具光泽。花果期 8~11 月。

豆瓣菜 *Nasturtium officinale*

十字花科 Brassicaceae　　豆瓣菜属 *Nasturtium*

高 20~40cm，全体光滑无毛。茎匍匐或浮水生，多分枝，节上生不定根。单数羽状复叶，小叶片 3~7（~9）枚，宽卵形、长圆形或近圆形，顶端 1 片较大，长 2~3cm，宽 1.5~2.5cm，钝头或微凹，近全缘或呈浅波状，基部截平，小叶柄细而扁，侧生小叶与顶生的相似，基部不等称，叶柄基部成耳状，略抱茎。总状花序顶生，花多数。种子每室 2 行。卵形，直径约 1mm，红褐色，表面具网纹。花期 4~5 月，果期 6~7 月。

hàn
蔊菜 *Rorippa indica*

十字花科 Brassicaceae　　蔊菜属 *Rorippa*

高 20~40cm，植株较粗壮，无毛或具疏毛。茎单一或分枝，表面具纵沟。叶互生，基生叶及茎下部叶具长柄，叶形多变化，通常大头羽状分裂，长 4~10cm，宽 1.5~2.5cm，顶端裂片大，卵状披针形，边缘具不整齐牙齿，侧裂片 1~5 对；茎上部叶片宽披针形或匙形，边缘具疏齿，具短柄或基部耳状抱茎。总状花序顶生或侧生，花小，多数，具细花梗。种子每室 2 行，多数，细小，卵圆形而扁，一端微凹，表面褐色，具细网纹。花期 4~6 月，果期 6~8 月。

沼生蔊菜 *Rorippa palustris*

十字花科 Brassicaceae　　蔊菜属 *Rorippa*

高（10~）20~50cm，光滑无毛或稀有单毛。茎直立，单一成分枝，下部常带紫色，具棱。基生叶多数，具柄，叶片羽状深裂或大头羽裂，长 5~10cm，宽 1~3cm，裂片 3~7 对，基部耳状抱茎；茎生叶向上渐小，近无柄，叶片羽状深裂或具齿，基部耳状抱茎。总状花序顶生或腋生，果期伸长，花小，多数，黄色成淡黄色，具纤细花梗，长 3~5mm。种子每室 2 行，多数，褐色，细小，近卵形而扁，一端微凹，表面具细网纹。花期 4~7 月，果期 6~8 月。

大茨藻 *Najas marina*

cí

水鳖科 Hydrocharitaceae　茨藻属 *Najas*

株高30~100cm，或更长，茎粗1~4.5mm，节间长1~10cm，基部节上生有不定根；分枝多，呈二叉状，常具稀疏锐尖的粗刺，刺长1~2mm。叶近对生或3叶假轮生，于枝端较密集，无柄；叶片线状披针形，稍向上弯曲，长1.5~3cm，宽约2mm或更宽；叶鞘宽圆形，长约3mm，抱茎，全缘或上部具稀疏的细锯齿。花果期9~11月。

小茨藻 *Najas minor*

水鳖科 Hydrocharitaceae　　茨藻属 *Najas*

植株纤细，易折断，下部匍匐，上部直立，呈黄绿色或深绿色，基部节上生有不定根；株高 4~25cm。茎圆柱形，光滑无齿，茎粗 0.5~1mm 或更粗，节间长 1~10cm，或有更长者；分枝多，呈二叉状。瘦果黄褐色，狭长椭圆形。花果期 6~10 月。

黑藻 *Hydrilla verticillata*

水鳖科 Hydrocharitaceae　　黑藻属 *Hydrilla*

茎圆柱形，表面具纵向细棱纹，质较脆。休眠芽长卵圆形；苞叶多数，螺旋状紧密排列，白色或淡黄绿色，狭披针形至披针形。叶 3~8 枚轮生，线形或长条形，长 7~17mm，宽 1~1.8mm，常具紫红色或黑色小斑点，先端锐尖，边缘锯齿明显，无柄，具腋生小鳞片；主脉 1 条，明显。花单性，雌雄同株或异株。种子 2~6 粒，茶褐色，两端尖。植物以休眠芽繁殖为主。花果期 5~10 月。

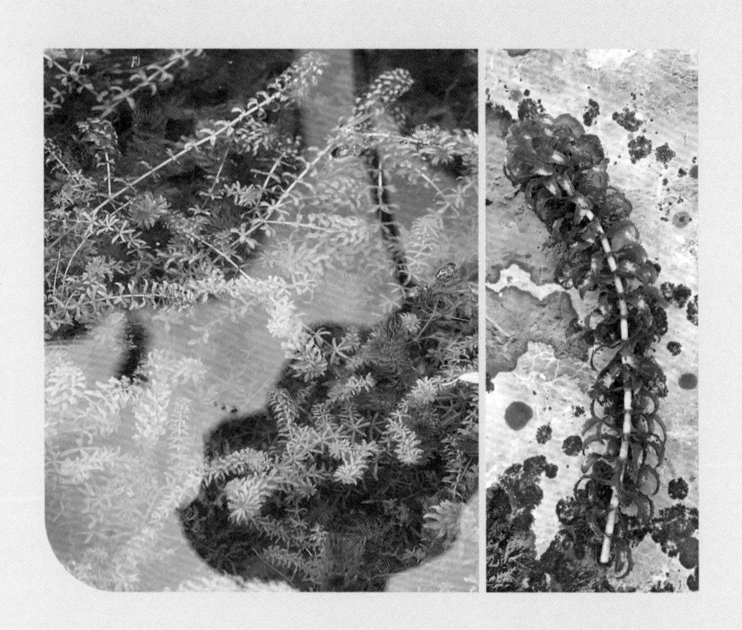

荇菜 *Nymphoides peltata*

xìng

菊科 Asteraceae　　荇菜属 *Nymphoides*

茎圆柱形，多分枝，密生褐色斑点。上部叶对生，下部叶互生，叶片漂浮，近革质，圆形或卵圆形，直径 1.5~8cm，基部心形，全缘，有不明显的掌状叶脉，下面紫褐色。花常多数，簇生节上，5 数；花萼分裂近基部，裂片椭圆形或椭圆状披针形；花冠金黄色，冠筒短，喉部具 5 束长柔毛，裂片宽倒卵形。蒴果无柄，椭圆形；种子大，褐色，椭圆形。

睡莲 *Nymphaea tetragona*

睡莲科 Nymphaeaceae　睡莲属 *Nymphaea*

根状茎短粗。叶纸质，心状卵形或卵状椭圆形，长5~12cm，宽3.5~9cm，基部具深弯缺，约占叶片全长的1/3，具小点；叶柄长达60cm。花直径3~5cm。浆果球形，直径2~2.5cm，为宿存萼片包裹；种子椭圆形，长2~3mm，黑色。花期6~8月，果期8~10月。

萍蓬草 *Nuphar pumila*

睡莲科 Nymphaeaceae　萍蓬草属 *Nuphar*

根状茎直径 2~3cm。叶纸质，宽卵形或卵形，少数椭圆形，长 6~17cm，宽 6~12cm，先端圆钝，基部具弯缺，心形，裂片远离，圆钝，上面光亮，无毛，下面密生柔毛，侧脉羽状，几次二歧分枝；叶柄长 20~50cm，有柔毛。花直径 3~4cm；花梗长 40~50cm，有柔毛。浆果卵形，长约 3cm；种子矩圆形，长 5mm，褐色。花期 5~7 月，果期 7~9 月。

品藻 *Lemna trisulca*

天南星科 Araceae　浮萍属 *Lemna*

叶状体薄，膜质或纸质，两面暗绿色，有时带紫色，多少透明，椭圆形、长圆形、披针形或倒披针形，先端钝圆，全缘或有时具不规则的细齿，向基部渐狭，具长5~10mm的细柄，借以与母体相连经数代不脱落，脉3条，背面生1细根，根端尖，常连根脱落；幼叶状体于母体基部两侧的囊中萌发，浮出后与母体构成品字形。果实卵形；种子具突起脉纹。

浮萍 *Lemna minor*

天南星科 Araceae　　浮萍属 *Lemna*

叶状体对称，表面绿色，背面浅黄色或绿白色或常为紫色，近圆形、倒卵形或倒卵状椭圆形，全缘，长 1.5~5mm，宽 2~3mm，上面稍凸起或沿中线隆起，脉 3，不明显，背面垂生丝状根 1 条，根白色，长 3~4cm，根冠钝头，根鞘无翅；叶状体背面一侧具囊，新叶状体于囊内形成浮出，以极短的细柄与母体相连，随后脱落。种子具凸出的胚乳并具 12~15 条纵肋。

沟酸浆 *Erythranthe tenella*

透骨草科 Phrymaceae　沟酸浆属 *Erythranthe*

常铺散状，无毛。茎长可达 40cm，多分枝，下部匍匐生根，四方形，夹角处具窄翅。叶卵形、卵状三角形至卵状矩圆形，长 1~3cm，宽 4~15mm，顶端急尖，基部截形，边缘具明显的疏锯齿，羽状脉，叶柄细长，与叶片等长或较短，偶被柔毛。花单生叶腋，花梗与叶柄近等长。种子卵圆形，具细微的乳头状突起。花果期 6~9 月。

碱蓬 *Suaeda glauca*

苋科 Amaranthaceae　碱蓬属 *Suaeda*

高可达 1m。茎直立，粗壮，圆柱状，浅绿色，有条棱，上部多分枝；枝细长，上升或斜伸。叶丝状条形，半圆柱状，通常长 1.5~5cm，宽约 1.5mm，灰绿色，光滑无毛，稍向上弯曲，先端微尖，基部稍收缩。花两性兼有雌性，单生或 2~5 朵团集，大多着生于叶的近基部处；两性花花被杯状，长 1~1.5mm，黄绿色。种子横生或斜生，双凸镜形，黑色，直径约 2mm，周边钝或锐，表面具清晰的颗粒状纹饰，稍有光泽；胚乳很少。花果期 7~9 月。

盐地碱蓬 *Suaeda salsa*

苋科 Amaranthaceae　　碱蓬属 *Suaeda*

高 20~80cm，绿色或紫红色。茎直立，圆柱状，黄褐色，有微条棱，无毛；分枝多集中于茎的上部，细瘦，开散或斜升。叶条形，半圆柱状，通常长 1~2.5cm，宽 1~2mm，先端尖或微钝，无柄，枝上部的叶较短。团伞花序通常含 3~5 花，腋生，在分枝上排列成有间断的穗状花序。胞果包于花被内，果皮膜质；种子横生，双凸镜形或歪卵形，直径 0.8~1.5mm。花果期 7~10 月。

黑三棱 *Sparganium stoloniferum*

香蒲科 Typhaceae　黑三棱属 *Sparganium*

块茎膨大，比茎粗 2~3 倍，或更粗；根状茎粗壮。茎直立，粗壮，高 0.7~1.2m。叶片长（20~）40~90cm，宽 0.7~16cm，具中脉，上部扁平，下部背面呈龙骨状凸起，或呈三棱形，基部鞘状。圆锥花序开展，长 20~60cm，具 3~7 个侧枝；雄性头状花序呈球形，直径约 10mm。果实长 6~9mm，倒圆锥形，上部通常膨大呈冠状，具棱，褐色。花果期 5~10 月。

狭叶黑三棱 *Sparganium subglobosum*

香蒲科 Typhaceae 黑三棱属 *Sparganium*

块茎较小，长条形；根状茎较短，横走。茎细弱，高20~36cm，直立。叶片长25~35cm，宽2~3mm，先端钝圆，中下部背面呈龙骨状凸起，或三棱形，基部鞘状。花序圆锥状，长7~15cm，主轴上部着生5~7个雄性头状花序，中部具2~3个雌性头状花序，下部通常有1个侧枝，长约5~8cm。果实倒卵形，长约4mm，上部狭窄，褐色。花果期6~9月。

达香蒲 *Typha davidiana*

香蒲科 Typhaceae　香蒲属 *Typha*

根状茎粗壮。地上茎直立，高约 1m。叶片长 60~70cm，宽 3~5mm，质地较硬，下部背面呈凸形，横切面呈半圆形，叶鞘长，抱茎。雌雄花序远离。果实长 1.3~1.5mm，披针形，具棕褐色条纹，果柄不等长；种子纺锤形，长约 1.2mm，黄褐色，微弯。花果期 5~8 月。

小香蒲 *Typha minima*

香蒲科 Typhaceae　香蒲属 *Typha*

根状茎姜黄色或黄褐色，先端乳白色。地上茎直立，细弱，矮小，高 16~65cm。叶通常基生，鞘状，无叶片，如叶片存在，长 15~40cm，宽 1~2mm，短于花莛，叶鞘边缘膜质，叶耳向上伸展，长 0.5~1cm。雌雄花序远离，雄花序长 3~8cm，花序轴无毛，基部具 1 枚叶状苞片，长 4~6cm，宽 4~6mm，花后脱落。小坚果椭圆形，纵裂，果皮膜质；种子黄褐色，椭圆形。花果期 5~8 月。

宽叶香蒲 *Typha latifolia*

香蒲科 Typhaceae　香蒲属 *Typha*

根状茎乳黄色，先端白色。地上茎粗壮，高 1~2.5m。叶条形，叶片长 45~95cm，宽 0.5~1.5cm，光滑无毛，上部扁平，背面中部以下逐渐隆起；下部横切面近新月形，细胞间隙较大，呈海绵状；叶鞘抱茎。雌雄花序紧密相接。小坚果披针形，长 1~1.2mm，褐色，果皮通常无斑点。种子褐色，椭圆形，长不足 1mm。花果期 5~8 月。

香蒲 *Typha orientalis*

香蒲科 Typhaceae　香蒲属 *Typha*

根状茎乳白色。地上茎粗壮，向上渐细，高 1.3~2m。叶片条形，长 40~70cm，宽 0.4~0.9cm，光滑无毛，上部扁平，下部腹面微凹，背面逐渐隆起呈凸形，横切面呈半圆形，细胞间隙大，海绵状；叶鞘抱茎。雌雄花序紧密连接。小坚果椭圆形至长椭圆形，果皮具长形褐色斑点；种子褐色，微弯。花果期 5~8 月。

穗状狐尾藻 *Myriophyllum spicatum*

小二仙草科 Haloragaceae　狐尾藻属 *Myriophyllum*

根状茎发达，在水底泥中蔓延，长 100~250cm，多分枝。叶通常 3~6 片轮生，水中叶较长，长 3.5 厘米，丝状细裂，裂片约 13 对，线形，长 1~1.5 厘米；叶柄极短或缺。花单性或杂性，雌雄同株，单生于水上枝苞片状叶腋，常 4 花轮生，由多花组成顶生或腋生穗状花序，长 6~10 厘米；花瓣 4，宽匙形，凹入，长 2.5 毫米，顶端圆，粉红色；雄蕊 8 枚，花药长椭圆形，长 2 毫米，淡黄色；无花梗。果宽卵形或卵状椭圆形，长 2~3 毫米，具 4 纵深沟，沟缘光滑或有时具小瘤。

透茎冷水花 *Pilea pumila*

荨麻科 Urticaceae　冷水花属 *Pilea*

茎肉质，直立，高 5~50cm，无毛，分枝或不分枝。叶近膜质，菱状卵形或宽卵形，长 1~9cm，宽 0.6~5cm，基部常宽楔形，边缘除基部全缘外，其上有牙齿或牙状锯齿，两面疏生透明硬毛，基出脉 3 条，上部的几对常网结。花雌雄同株并常同序，雄花常生于花序的下部，花序蝎尾状。瘦果三角状卵形，扁，长 1.2~1.8mm，初时光滑，常有褐色或深棕色斑点，熟时色斑多少隆起。花期 6~8 月，果期 8~10 月。

眼子菜 *Potamogeton distinctus*

眼子菜科 Potamogetonaceae　眼子菜属 *Potamogeton*

根茎发达，白色，直径约 2mm，具分枝，节处生有多数须根。茎圆柱形，直径 1.5~2mm，不分枝，节明显膨大。浮水叶革质，椭圆形，长 5~8cm，宽 2.5~4cm，通常绿色；叶脉 11~17 条，顶端连接；叶柄硬挺，与叶近等长。穗状花序顶生，其花多轮，开花时伸出水面，花后沉没水中；花序梗明显膨大成棒状。果实宽倒卵形，长约 3.2mm，背部中脊狭而锐，侧脊极不明显，上部两侧圆滑而无凸起（内果皮上部无附器），顶端具一直生的短喙。花果期 8~10 月。

浮叶眼子菜 *Potamogeton natans*

眼子菜科 Potamogetonaceae　眼子菜属 *Potamogeton*

根茎发达，白色，常具红色斑点，多分枝，节处生有须根。茎圆柱形，直径 1.5~2mm，通常不分枝，或极少分枝。浮水叶革质，卵形至矩圆状卵形，长 4~9cm，宽 2.5~5cm，先端圆形或具钝尖头，基部心形至圆形，稀渐狭，具长柄；叶脉 23~35 条，于叶端连接，其中 7~10 条显著。穗状花序顶生，长 3~5cm，具花多轮，开花时伸出水面。果实倒卵形，外果皮常为灰黄色，长 3.5~4.5mm，宽 2.5~3.5mm；背部钝圆，或具不明显的中脊。花果期 7~10 月。

光叶眼子菜 *Potamogeton lucens*

眼子菜科 Potamogetonaceae　眼子菜属 *Potamogeton*

具根茎。茎圆柱形，直径约 2mm，上部多分枝，节间较短，下部节间伸长，可达 20cm。叶长椭圆形、卵状椭圆形至披针状椭圆形，无柄或具短柄，有时柄长可达 2cm；叶片长 2~18cm，宽 0.8~3.5cm，质薄，先端尖锐，常具 0.5~2cm 长的芒状尖头，基部楔形，边缘浅波状，疏生细微锯齿。果实卵形，长约 3mm，背部 3 脊，中脊稍锐，侧脊不明显。花果期 6~10 月。

篦齿眼子菜　*Stuckenia pectinata*

眼子菜科 Potamogetonaceae　　篦齿眼子菜属 *Stuckenia*

叶线形，长 2~10cm，宽 0.2~2mm，先端渐尖或尖，基部与托叶贴生成鞘，鞘长 1~4cm，绿色，边缘叠压抱茎。穗状花序顶生，具花 4~7 轮，间断排列。果倒卵圆形，长 3.5~5mm，顶端斜生长约 0.3mm 的喙，背部钝圆。花果期 5~9 月。

穿叶眼子菜 *Potamogeton perfoliatus*

眼子菜科 Potamogetonaceae　眼子菜属 *Potamogeton*

具发达的根茎。根茎白色，节处生有须根。茎圆柱形，直径 0.5~2.5mm，上部多分枝。叶卵形、卵状披针形或卵状圆形，无柄，先端钝圆，基部心形，呈耳状抱茎，边缘波状；基出 3 脉或 5 脉，弧形，顶端连接，次级脉细弱。穗状花序顶生，具花 4~7 轮，密集或稍密集；花序梗与茎近等粗，长 2~4cm。果实倒卵形，长 3~5mm，顶端具短喙，背部 3 脊，中脊稍锐，侧脊不明显。花果期 5~10 月。

小眼子菜 *Potamogeton pusillus*

眼子菜科 Potamogetonaceae　　眼子菜属 *Potamogeton*

无根茎。茎椭圆柱形或近圆柱形，纤细，径约 0.5mm，具分枝，近基部常匍匐地面，并于节处生出稀疏而纤长的白色须根，茎节无腺体，或偶见小而不明显的腺体，节间长 1.5~6cm。叶线形，无柄，长 2~6cm，宽约 1mm，先端渐尖，全缘。穗状花序顶生，具花 2~3 轮，间断排列。果实斜倒卵形，长 1.5~2mm，顶端具一稍向后弯的短喙。花果期 5~10 月。

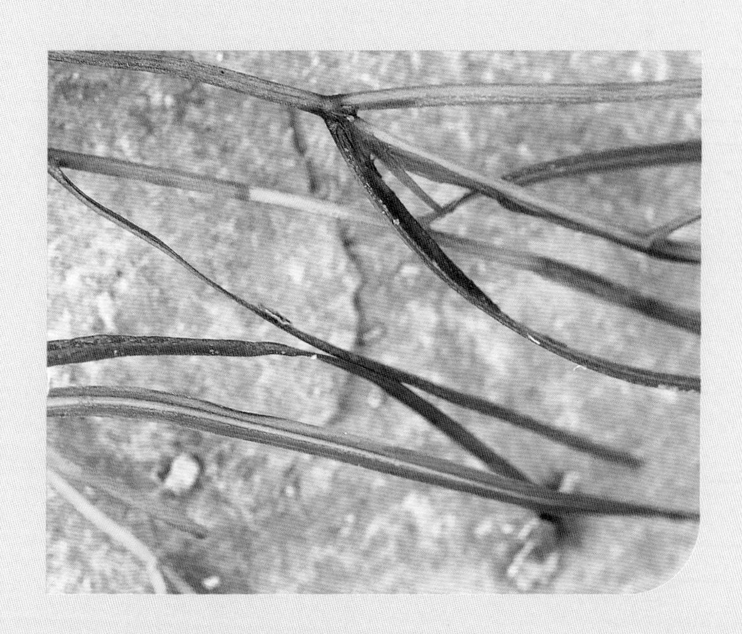

菹草 *Potamogeton crispus*

眼子菜科 Potamogetonaceae　眼子菜属 *Potamogeton*

具近圆柱形的根茎。茎稍扁，多分枝，近基部常匍匐地面，于节处生出疏或稍密的须根。叶条形，无柄，长 3~8cm，宽 3~10mm，先端钝圆，基部约 1mm 与托叶合生；叶脉 3~5 条，平行，顶端连接，中脉近基部两侧伴有通气组织形成的细纹，次级叶脉疏而明显可见。穗状花序顶生，具花 2~4 轮。果实卵形，长约 3.5mm，果喙长可达 2mm，向后稍弯曲，背脊约 1/2 以下具齿牙。花果期 4~7 月。

角果藻 *Zannichellia palustris*

眼子菜科 Potamogetonaceae 角果藻属 *Zannichellia*

茎细弱，下部常匍匐生泥中，茎长 3~10（~20）cm，径约 0.3mm，分枝较多，常交织成团，易折断。叶互生至近对生，线形，无柄，长 2~10cm，宽 0.3~0.5mm，全缘，先端渐尖，基部有离生或贴生的鞘状托叶，膜质，无脉。花腋生；雄花仅 1 枚雄蕊。果实新月形，长 2~2.5mm，常 2~4 枚（稀 6 枚）簇生于叶腋（稀有总果柄）。花果期 6~9 月。

雨久花 *Monochoria korsakowii*

雨久花科 Pontederiaceae　雨久花属 *Monochoria*

根状茎粗壮，具柔软须根。茎直立，高 30~70cm，全株光滑无毛，基部有时带紫红色。叶基生和茎生；基生叶宽卵状心形，长 4~10cm，宽 3~8cm；叶柄长达 30cm，有时膨大成囊状；茎生叶叶柄渐短，基部增大成鞘，抱茎。总状花序顶生，有时再聚成圆锥花序；花 10 余朵，具 5~10mm 长的花梗。蒴果长卵圆形，长 10~12mm；种子长圆形，长约 1.5mm，有纵棱。花期 7~8 月，果期 9~10 月。

鸭舌草 *Monochoria vaginalis*

雨久花科 Pontederiaceae　雨久花属 *Monochoria*

根状茎极短，具柔软须根。茎直立或斜上，高（6~）12~35（~50）cm，全株光滑无毛。叶基生和茎生；叶片形状和大小变化较大，由心状宽卵形、长卵形至披针形，长2~7cm，宽0.8~5cm；叶柄长10~20cm，基部扩大成开裂的鞘，鞘长2~4cm，顶端有舌状体，长7~10mm。总状花序从叶柄中部抽出；花序梗短，长1~1.5cm。蒴果卵形至长圆形，长约1cm；种子多数，椭圆形，长约1mm，灰褐色，具8~12纵条纹。花期8~9月，果期9~10月。

华夏慈姑 *Sagittaria trifolia* subsp. *leucopetala*

泽泻科 Alismataceae　　慈姑属 *Sagittaria*

植株高大，粗壮。叶片宽大，肥厚，顶裂片先端钝圆，卵形至宽卵形；匍匐茎末端膨大呈球茎，球茎卵圆形或球形，可达5~8cm×4~6cm。圆锥花序高大，长20~60cm，有时可达80cm以上，分枝（1~）2（~3），着生于下部，具1~2轮雌花，主轴雌花3~4轮，位于侧枝之上；雄花多轮，生于上部，组成大型圆锥花序，果期常斜卧水中；果期花托扁球形，直径4~5mm，高约3mm。种子褐色，具小凸起。花果期5~10月。

野慈姑 *Sagittaria trifolia*

泽泻科 Alisamataceae 慈姑属 *Sagittaria*

根状茎横走，较粗壮，末端膨大或否。挺水叶箭形，叶片长短、宽窄变异很大，通常顶裂片短于侧裂片，比值 1：1.5~1：1.2。花莛直立，挺水，高（15~）20~70cm，或更高，通常粗壮；花序总状或圆锥状，长 5~20cm，有时更长，具分枝 1~2 枚，具花多轮，每轮 2~3 花；苞片 3 枚，基部多少合生，先端尖；花单性；花被片反折，外轮花被片椭圆形或广卵形，长 3~5mm，宽 2.5~3.5mm。瘦果两侧压扁，长约 4mm，宽约 3mm，倒卵形，具翅，背翅多少不整齐；果喙短，自腹侧斜上；种子褐色。花果期 5~10 月。

泽泻 *Alisma plantago-aquatica*

泽泻科 Alismataceae　　泽泻属 *Alisma*

块茎直径 1~3.5cm，或更大。叶通常多数；沉水叶条形或披针形；挺水叶宽披针形、椭圆形至卵形，长 2~11cm，宽 1.3~7cm，先端渐尖，稀急尖，基部宽楔形、浅心形，叶脉通常5条，叶柄长1.5~30cm。花莛高78~100cm，或更高；花序长 15~50cm，或更长，具 3~8 轮分枝，每轮分枝 3~9 枚；花两性，花梗长 1~3.5cm。瘦果椭圆形，或近矩圆形，长约 2.5mm，宽约 1.5mm，背部具 1~2 条不明显浅沟；种子紫褐色，具凸起。花果期 5~10 月。

湿地勿忘草 *Myosotis caespitosa*

紫草科 Boraginaceae　勿忘草属 *Myosotis*

密生多数纤维状不定根。茎高 15~50（~70）cm。茎下部叶具柄，叶片长圆形至倒披针形，长 2~3cm，宽 3~8mm，全缘，先端钝，基部渐狭，两面被稀疏的糙伏毛。花序花期较短，花后伸长，果期长 10~20cm，无苞片或仅下部数花有线形苞片；花梗在果期长 6~8mm，通常比花萼长，平伸。小坚果卵形，长 1.5~2mm，光滑，暗褐色，上半部具狭边，顶端钝。花果期 6~8 月。

中文名索引

学名索引